원시의 자연습지, 그 생태 보고서

우포늪

글 강병국 사진 성낙송

지성사

국립중앙도서관 출판시도서목록(CIP)

우포늪 : 원시의 자연습지, 그 생태 보고서 / 강병국 글 ; 성낙송 사진. -- 서울 : 지성사, 2003
p. : 삽도 ; cm

색인수록
ISBN 89-7889-086-5 03470 : ₩12000

472.526325-KDC4
577.68-DDC21 CIP2003000024

우포늪

원시의 자연습지, 그 생태 보고서 **우포늪**

기획 | (사)푸른우포사람들
(대표전화 : 055-532-8989, 홈페이지 : www.woopoman.co.kr)
글 | 강병국
사진 | 성낙송
삽화 | 손은혜
후원 | (재)한국환경민간단체진흥회 · 경상남도 민간단체 공익활동 지원사업
감수 | 식물 김호준(대전 국립과학관 연구원)
곤충 김태우(성신여대 곤충분류학연구실 연구원)
물고기 최윤(군산대학교 교수)
새 박민철(한국자연환경연구소 연구원)
거미 김승태(서울대학교 강사)
포유 · 양서 · 파충류 최병진(한국자연환경연구 연구원)

펴낸이 이원중
편 집 김명희, 김재희, 이향란, 이윤화
펴낸날 2013년 4월 22일 초판 7쇄 • 2003년 1월 15일 초판 1쇄
펴낸곳 지성사 • 출판등록일 1993년 12월 9일 • 등록번호 제10-916호
(121-829)서울시 마포구 상수동 337-4호
(02)335-5494 • 팩스 (02)335-5496
www.jisungsa.co.kr • jisungsa@hanmail.net

 ISBN 978-89-7889-086-1, 89-7889-086-5 03470

하늘에는 천지(天池) 땅에는 우포(牛浦)

봄 우포늪에는 생동감이 넘쳐납니다. 수양버들과 내버들에 물이 오르기 시작하면 늪 주변에서는 자운영이 화려한 자태를 뽐내고, 물 위에서는 앙증맞은 노랑어리연이 고개를 들어 봄이 왔음을 알립니다. 소금쟁이와 장구애비, 물방개 등 수많은 곤충들도 봄을 맞이하는 춤을 춥니다.

수면을 뒤덮은 가시연이 강렬한 아름다움을 자랑하고 그 잎 사이로 태연히 헤엄쳐 다니는 쇠물닭이 또 하나의 정경을 만들어 내는 여름, 자오록한 안개 사이로 장대나뭇배를 저어가는 어부의 모습이 신비로운 가을, 북녘의 진객 철새들이 사랑의 몸짓을 하고 먹이를 찾아 비상하는 겨울……. 우포의 사계는 언제나 푸르고 싱그럽습니다.

'모든 것은 자연이 써 놓은 위대한 책을 공부하는 데서 태어난다' 고 했던가요. 자연은 지구상의 모든 생명체에게 무한한 자비를 베풀고, 사람들에게는 과학문명의 기초를 제공하였으며 많은 예술작품의 소재가 되어 주었습니다. 그럼에도 불구하고, 자연은 오랜 세월 동안 개발이라는 이름 아래 마구 짓밟히고 무참히 훼손되어 왔습니다. 마치 자연이 인간의 전유물인 것처럼 말입니다.

자연은 모든 생명붙이들의 것입니다. 우리에게는 자연을 보호하고 물려줄 의무가 있지, 파괴할 권리는 없습니다.

우리 나라에서 가장 규모가 크고 오래된 자연늪인 우포늪은 자연생태계보전지역으로, 습지보전국제협약(람사협약)에 등록된 세계적인 습지입니다. 수면의 면적만 70만 평에 이르는 드넓은 늪에는 약 1,000여 종의 생명체가 어울려 살고 있습니다. 많은 과학자들의 예상대로 21세기는 생물종(種) 확보를 위한 '포성 없는 전쟁'의 시대가 될 것입니다. 다양한 종을 많이 보유한 나라가 바로 부강한 나라가 되는 것입니다.

2001년 우포늪의 환경자산 가치를 측정한 결과, 연간 560억 원에 이르는 것으로 보고되었습니다. 생산시설도 아닌 자연늪이 한 해에 가질 수 있는 가치가 이 정도라는 사실은, 자연유산이 얼마나 소중한가를 다시 한 번 일깨워주는 대목이 아닐 수 없습니다.

이 책은 우포늪이 어떤 곳이며, 이곳에 어떤 생물이 살고 있는지, 그리고 인간과 어떤 관계를 맺어 왔는지 등 우포늪의 생물학적, 문화적 가치를 새롭게 조명해 보기 위해 쓰여졌습니다. 더불어, 살아 있는 자연사박물관 우포늪이 야성(野性)을 잃지 않기를 바라는 염원을 담았습니다.

자, 그럼 새와 곤충들, 그리고 이제는 보기 힘들어진 많은 물풀들, 아름다운 물안개, 멋진 노을이 기다리는 우포늪으로 저와 함께 떠나 보지 않으시겠습니까?

2003년 우포늪에서

강병국 씀

늪의 주머니 속 이야기

우포늪 가는 길

여러분은 '늪' 이라고 하면 어떤 모습이 떠오르시나요? 늪이라는 단어가 조금 낯설게 느껴진다고요? 아마 그럴 거예요. 흔히 늪이라고 하면 땅인지 물인지조차 구분할 수 없는 진창에, 만약 무언가 빠지기라도 하면 기다렸다는 듯이 삼켜버리는 모습들만 보아왔을 테니까요. 하지만 실제로 늪은 그렇게 낯설기만 한 곳이 아니랍니다. 위험하기만 한 곳도 아니죠.

늪은 축축한 땅을 말하는 '습지(濕地)'의 하나입니다. 그래서 늘 물기를 머금고 있지요. 우리가 흔히 갯벌이라고 부르는 서해와 남해의 모래톱과 강, 저수지, 그리고 곡식을 일구는 논까지 습지라고 말합니다.

습지에서는 오랜 세월 물이 고였다 흐르는 과정이 반복되면서 독특한 환경이 만들어졌습니다. 우선 진흙이 두텁게 쌓이면서 여러 물풀들이 무성하게 자랄 수 있었습니다. 덕분에 물의 흐름이 느려져 비가 많이 오더라도 홍수가 크게 나지 않고, 비가 오지 않을 때는 물을 제공하므로 많은 생물들이 안심하고 살 수 있게 되었지요. 또 다양한 생명체들이 태어나고 사라져 가는 동안 미생물들이 끊임없이 동식물의 시체와 배설물을 분해하여, 고인 물이 썩지 않으면서 영양분이 풍부한 곳이 될 수 있었습니다. 그러므로 습지는 놀라운 생명력을 가진 생태계의 모범이라고 할 수 있지요.

지금부터 여러분에게 소개해 드릴 우포늪도, 생태계의 모체(母體)로서 습지가 가지는 생명력과 기능을 두루 갖춘 곳입니다. 특히 이곳은 우리 나라에서 가장 오래된 자연늪이며 다양한 종류의 생물들이 살아가는 데 중심적인 역할을 하기 때문에 '살아 있는 자연사박물관' 이라 불리기도 한답니다.

우포늪의 모습

생명의 오작교, 토평천

토평천은 창녕군 열왕산에서 발원하여, 서쪽을 향해 흐르다가 유어면 대대리에서 우포로 흘러 들어와서 성산리와 가항리 사이로 빠져나가 낙동강과 합류합니다. 한 마디로 낙동강과 우포늪을 연결하는 거대한 통로인 셈이지요. 토평천 주변 곳곳에는 갈대와 억새가 군락을 이루고 있어서 숨막힐 듯 아름다운 풍경을 만들어 낸답니다.

우포늪은 우포, 목포, 사지포, 쪽지벌 등 네 개의 늪으로 이루어져 있습니다. 이 가운데 우포가 가장 넓고 목포가 그 다음이죠. 예전에는 우포늪 주변에 크고 작은 늪들이 꽤 많았다고 합니다. 우포늪도 과거의 장대한 모습을 많이 잃기는 했습니다만 아직은 거대한 습지로 남아 있습니다. 어떻게 해서 이런 거대한 습지가 형성될 수 있었는지 궁금하지 않을 수 없습니다. 우포늪의 생성에 관해서는 논란이 있지만 가장 설득력이 있는 이야기는 다음과 같습니다.

1억 4천만 년 전 공룡들이 이 땅을 누비던 때, 낙동강 일대에 큰 지형변화가 있었습니다. 빙하가 녹으면서 낙동강의 물이 범람

우포(牛浦)라는 이름은 어떻게 붙여졌을까

우포에는 우항산(牛項山)이라고 하는 산이 있습니다. 이 산의 모양이 마치 소가 늪에 머리를 대고 물을 마시는 것처럼 보인다고 해서 '우항산'이라 부르고, 이 소의 목에 해당하는 부분을 소목이라고 합니다. 그리고 주변에 소를 풀어놓고 풀을 뜯게 해서 이곳의 늪을 '소벌'이라 부르게 되었습니다. 일제시대 때 소벌을 한자로 쓰다 보니 뜻 그대로 우포(牛浦)가 되었습니다. 하지만 주민들은 지금도 우포보다는 소벌로 더 많이 부르고 있지요.

참고로 목포(나무벌)는 비가 많이 오면 주변의 나무들이 떠내려오던 곳이라서, 사지포(모래벌)는 모래가 많아서, 쪽지벌은 크기가 작다고 해서 붙은 이름들이랍니다.

우항산의 왜가리 서식지

하자 이때 실려 온 모래와 흙이 지금의 토평천 입구를 막게 되고, 이 때문에 물이 빠져나가지 못하고 갇히면서 커다란 호수가 만들어지게 된 것이지요. 이렇게 만들어진 호수가 세월이 흐르면서 지금의 우포늪이 되었답니다.

학자들은 우포늪을 수생식물의 보고(寶庫)요, 살아 있는 곤충 박물관, 철새들의 낙원이라고 말합니다. 그러나 지난 몇십 년 간 경제성장과 개발에 급급하여 늪과 주변의 환경이 심하게 훼손, 파괴되었던 것이 사실입니다. 다행히 최근 들어서 우포늪이 가치를 인정받아, 습지보전국제협약(람사협약)의 습지목록에 등록되었습니다. 또 단순히 생물의 천국으로서뿐만 아니라 자연늪으로서도 수백억 원대의 경제적 가치가 있는 것으로 밝혀졌습니다. 이로써 땅을 메우고 자연을 해치는 과정을 거쳐야 하는 개발만이 국가 경제나 위상을 올릴 수 있는 유일한 방법이 아니라는 것을 알 수 있게 되었습니다.

우리는 많은 이들이 우포늪을 보호하는 데 동참할 수 있기를 바랍니다. 우포늪이 사라져 가는 습지가 아니라 영원히 이어질 아름다운 자연으로 남을 수 있도록 말이죠.

우포늪 전경

초록물결 사이로 내버들 손짓하고

–우포늪의 식물

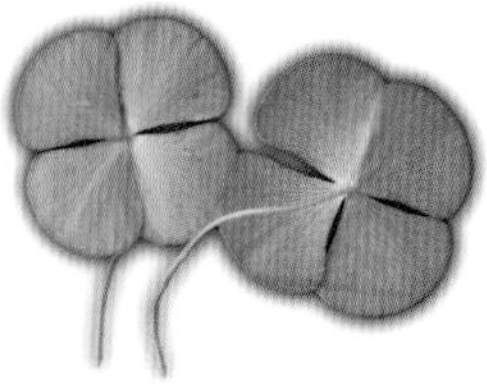

처음 우포늪에 도착해서 솔바람 소리를 들으며 사지포둑에 오르면, 온갖 물풀과 내버들로 뒤덮인 우포와 사지포가 눈앞에 펼쳐집니다. 늪가에는 갈대, 줄, 애기부들, 창포 등이 물 밖으로 긴 목을 뺀 채 무성히 자라 있고, 물 위에는 개구리밥, 마름, 생이가래, 자라풀, 어리연, 노랑어리연, 수련, 네가래 등의 물풀이 떠 있지요.

이 물풀들은 기온이 높아지면 짧은 시간 안에 넓은 면적의 수면을 덮을 정도로 번식력이 강합니다. 특히 6월에서 8월 사이에 이곳을 찾는다면 물풀로 가득 덮인 늪을 볼 수 있습니다. 그래서 여름의 우포늪은 곧잘 '초록의 융단'에 비유되기도 하지요. 수면을 뒤덮는 이 물풀은 곤충과 물고기에게 먹이와 서식처를 제공할 뿐만 아니라, 오염된 물을 맑게 하는 중요한 역할을 한답니다.

우포늪에는 정말 많은 식물들이 있습니다. 지금까지 약 430여 종의 식물이 확인되었는데, 이는 우리 나라 전체 식물의 10분의

물달개비

잎의 모양이 '닭의장풀'과 비슷하고,물에서 자라기 때문에 붙여진 이름입니다. 꽃망울이 기품 있어 보이죠.

1에 해당될 정도라고 하네요. 늪의 면적을 감안한다면 굉장히 많은 종류의 식물이 모여 있는 셈이죠. 이렇게 많은 식물들 때문에 여름철 높은 곳에 올라 내려다보면, 풀밭인지 물인지 구분이 안 될 정도랍니다.

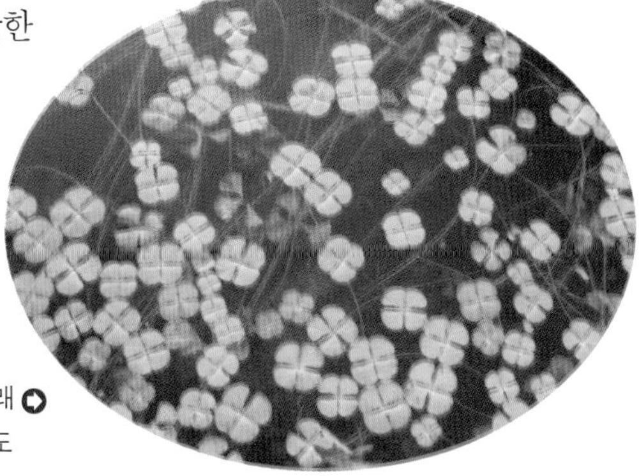

네가래 ➡

네 개의 잎이 '밭 전(田)' 자 같아서 '전자초' 라 부르기도 해요. 얼핏 보면 네잎클로버가 물에 떠 있는 것 같죠?

⬇ 개구리밥 ⬇⬇ 말즘

⬇ 애기마름 ⬇⬇ 생이가래

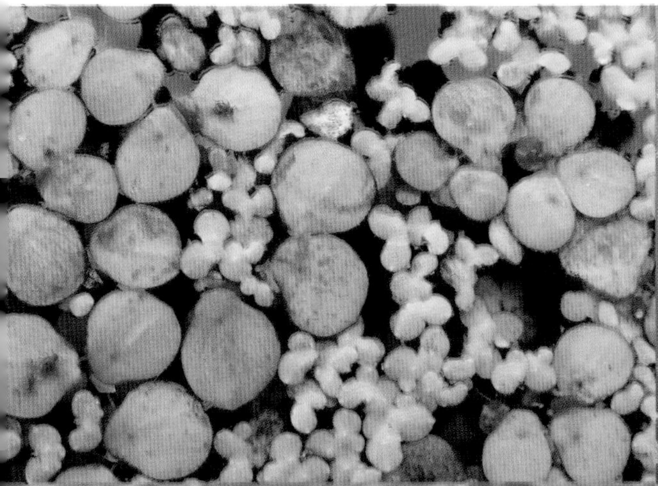

물풀의 종류

흔히 '수생식물'이라고 하는 물풀은 호수나 습지, 하천처럼 물 속이나 물기가 많은 곳에서 사는 식물을 말합니다. 그리고 자라는 형태에 따라 네 가지 종류로 나누지요.

· 추수식물 – 얕은 물가에서 자라며 오염된 물을 걸러내는 기능을 합니다. 땅에서 자라는 식물들과 비슷한 성격을 띠죠. 추수식물로는 갈대, 부들, 줄, 고랭이 등이 있습니다.

· 부엽식물 – 뿌리는 물 속에 담그고, 물 위로 잎이 자라 나오는 식물을 가리킵니다. 수련이나 마름, 자라풀 등이 있습니다.

· 침수식물 – 이름 그대로 식물의 몸 전체가 물 속에 잠겨서 자랍니다. 침수식물로는 말즘, 붕어마름, 대가래, 검정말 등이 있습니다.

· 부유식물 – 물 위를 자유롭게 떠다니는 식물을 말합니다. 그래서 비가 많이 오면 모두 쓸려 가 버린답니다. 부유식물로는 개구리밥, 생이가래 등이 있습니다.

마름

잎의 모양이 마름모처럼 생겨서 마름이라고 합니다. 마름의 잎 가까이의 줄기에 공기주머니가 발달해 있지요.

물옥잠

물옥잠은 이름 그대로 '물에 뜬 옥비녀' 라는 뜻입니다. 꽃이 피기 전의 모습이 옥비녀와 같다고 해서 붙은 이름이죠.

여름철 우포늪은 온갖 물풀들로 뒤덮여 거대한 초원을 방불케 합니다. 대자연의 향연이 얼마나 아름다운지 새삼 깨우쳐 주지요.

우포늪에서는 특이한 식물들을 만날 수 있습니다. 다른 지역에서 보기 힘든 식물도 있지만, 멸종위기에 처한 식물도 있거든요.

우선 목포의 왕버들 군락지 주변과 '푸른우포사람들' 사무실 앞에 가시연이 군락을 이루고 있습니다. 가시연은 생김새가 매우 독특하며, 그 잎은 우리 나라 식물들 가운데 가장 크답니다. 어떤 것은 지름이 2미터가 넘기도 하죠. 그런데 가시연의 꽃은 낮에만 잠시 피었다가 금방 지기 때문에 이 지역 주민이 아니면 꽃을 보기가 아주 어렵습니다. 꽃의 생김새도 독특하지만 꽃을 보기가 어려워서인지 가시연꽃이 필 무렵이면 우포늪에 사진작가들이 몰려들어 꽃의 자태를 카메라에 담느라 무척 분주하답니다. 1990년대까지만 해도 가시연은 멸종위기에 처한 식물로 엄격히 보호되고 있었지만, 여러 지역에서 발견되면서 환경부의 보호대상 목록에서 제외되었습니다. 하지만 실제로 환경은 점차 나빠지고 있고, 이웃나라 일본에서는 이미 멸종 단계에 있기 때문에 우리 나라의 가시연도 언제 사라질지 안심할 수는 없습니다.

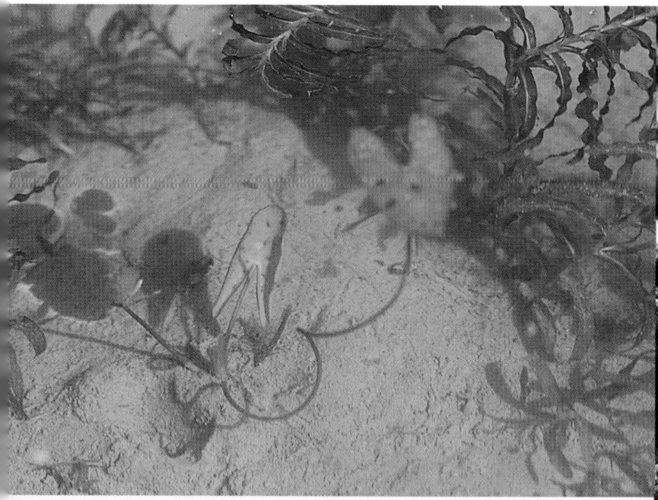

갓 자라나오기 시작한 가시연 잎

늪을 뒤덮을 만큼 자라 화려한 자태를 뽐내는 가시연

가을이 지나면 가시연은 굵은 줄기만 남긴 채 사라져 갑니다.

갈대나 부들, 창포, 줄 같은 식물은 물을 정화하는 기능이 있습니다. 이 식물들은 대부분 물가 흙 속에 뿌리를 내리고 자라며, 억새와 함께 대대둑이나 사지포둑에 군락을 이루고 있어 가을이면 멋진 경관을 만들어 냅니다. 이 가운데 부들은 1980년대까지만 해도 어느 연못에서나 볼 수 있었지만 지금은 찾아보기 힘든 식물이 되었습니다. 줄도 예전에 도롱이 같은 비옷을 만들 때 사용했던 식물입니다. 지금은 곳곳의 습지가 오염되거나 메워지면서, 귀한 식물들이 사라지고 있으니 안타까운 현실이 아닐 수 없습니다.

애기부들
잎이 무척 부드러워 부들이라고 부릅니다. 예전에는 여름철에 부들의 잎으로 방석을 만들기도 했지요. 우리 나라에는 네 종류의 부들이 있는데, 우포늪에서는 애기부들만 자랍니다.

⬆갈대

우포늪 곳곳에는 갈대숲이 많습니다. 갈대는 거센 비바람에도 쓰러지는 법이 없지요.

⬆띠

띠는 억새보다 작으며 주로 무덤가에서 잘 자랍니다.

⬇억새

갈대와 함께 가을녘 늪 풍경을 만들지요.

통발꽃

우포늪과 연결된 수로 곳곳에서는 벌레잡이식물인 통발을 볼 수 있습니다. '벌레잡이' 라고 해서 개구리처럼 곤충을 잡아 꿀꺽 삼키는 건 아니구요, 이 식물에게 발달해 있는 주머니 속으로 물 속의 작은 곤충을 빨아들이고 곤충의 체액을 빨아먹는 것입니다. 벌레잡이식물들은 광합성도 하기 때문에 벌레를 잡지 못해도 죽지는 않아요. 벌레잡이식물에는 끈끈이주걱이나 이삭귀개, 땅귀개 등 여러 종류가 있지만 이곳 우포늪에서는 통발만이 드물게 관찰되고 있습니다.

통발

물 속에 사는 식충식물입니다. 환경이 오염되면서 개체수가 많이 줄어들었지요. 지금은 멸종위기에 처해 있답니다.

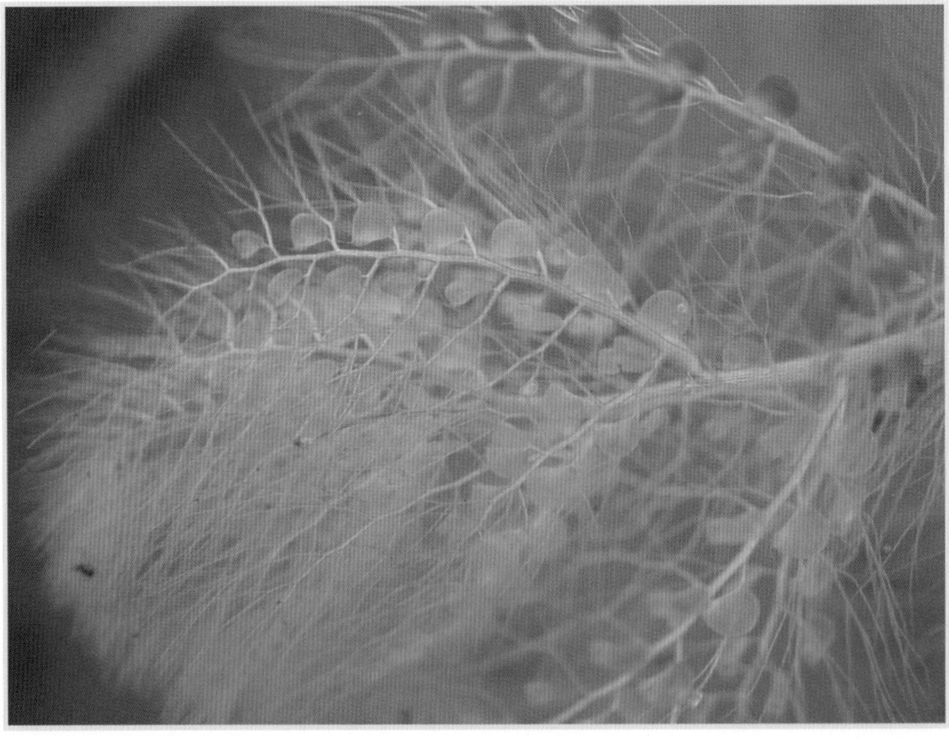

우포늪의 대표적인 식물들

나사말

잎이 가늘고 길어 1미터가 넘는 것도 있습니다. 암꽃과 수꽃이 따로 피며, 물 밖으로 솟아 올라와 핀 암꽃은 수정이 이루어지면 다시 물 속으로 들어가 열매를 맺습니다.

자라풀

얼핏 하트처럼 보이는 이 식물은 잎이 자라의 등처럼 생겼다고 해서 자라풀이라고 부릅니다. 잎의 뒷면에 스티로폼 같은 조직이 있어 잎이 쉽게 물에 뜰 수 있습니다.

노랑어리연

우리 나라 각지의 연못이나 도랑에서 흔히 볼 수 있습니다. 줄기처럼 생긴 뿌리는 연꽃마냥 진흙 속에서 옆으로 길게 뻗지요. 여름이 되면 물 위에 떠 있는 둥근 잎 사이로 긴 꽃대가 올라와 샛노란 꽃을 피운답니다.

⬆보풀 수꽃

⬅보풀 암꽃

우리 나라 각지의 연못이나 도랑에서 흔히 볼 수 있는 식물로, 늪의 물을 정화시켜 주는 중요한 역할을 합니다.

바위취

잎의 모양이 범의 귀와 닮았다고 해서 '범의귀' 라고도 불립니다.

어리연

개연

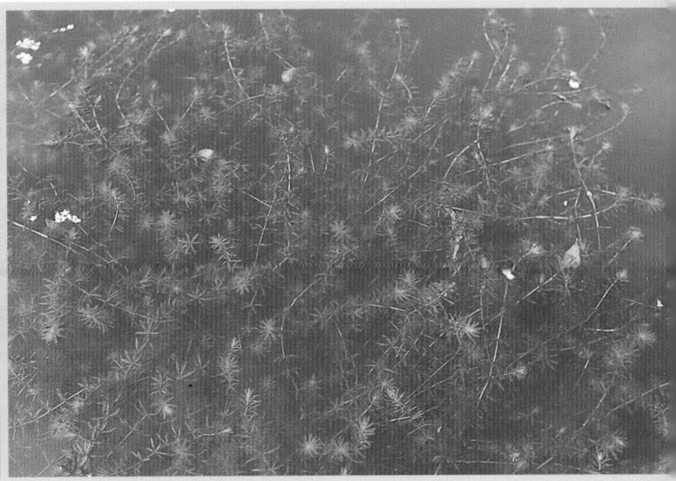

대가래
검정말
연

물풀 군락 우포늪에는 많은 식물 군락이 있습니다. 자운영, 물옥잠, 창포, 가시연, 억새, 갈대, 내버들 등이 늪지 곳곳에 무리지어 자라며 이들이 멋진 경관을 만들어 냅니다. 물 위에 떠 있는 물풀들은 비가 많이 오면 떠내려가기도 해서 해마다 조금씩 군락이 형성되는 위치가 달라진답니다. 이 가운데 대표적인 몇 곳을 소개해 드릴게요.

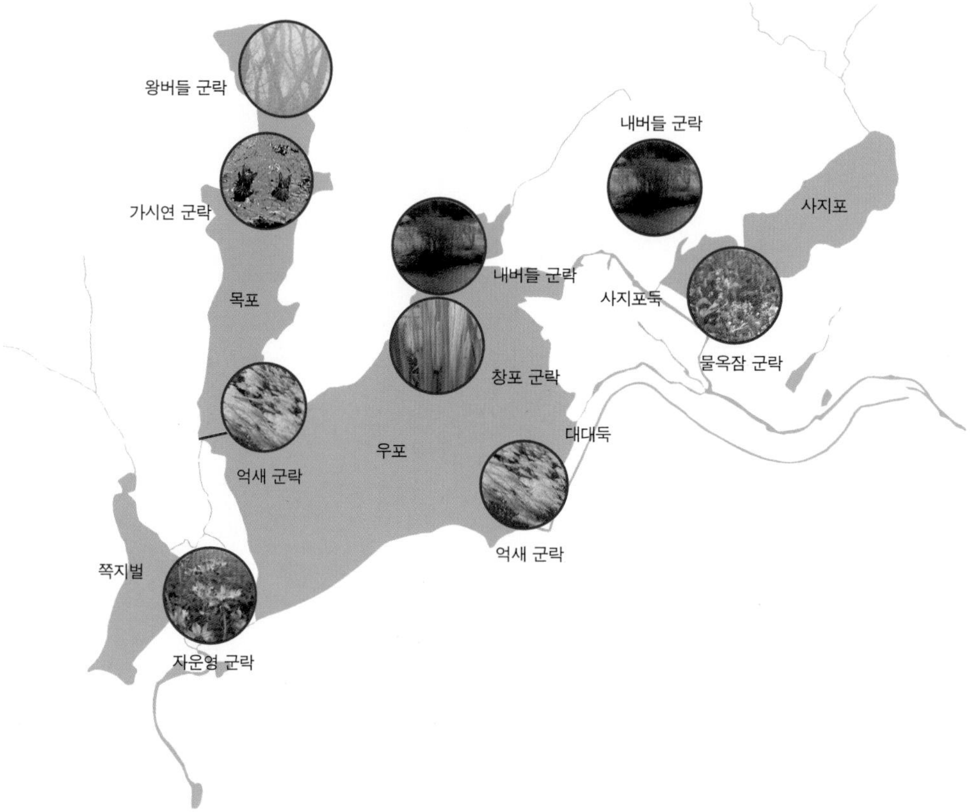

자운영 군락(장재마을 앞과 옥천리 토평 쪽)

자운영은 두해살이풀로, 4월에서 5월 중순에 꽃을 피웁니다. 꽃이 자주빛 구름과 같다고 해서 '紫雲英(자운영)' 이라고 불리죠. 기침을 멎게 하고 상처가 났을 때 피를 멈추게 하는 효과가 있어 민가에서 재배하기도 한답니다. 농약을 많이 치지 않았던 예전에는 자운영을 쉽게 볼 수 있었지만 지금은 집단으로 자라는 것을 보기가 무척 힘들지요.

목포제방과 쪽지벌 사이 우포수로 옆의 자운영

장재마을 입구의 자운영

억새 · 갈대 군락(대대둑 · 목포제방)

억새와 갈대는 아무리 세찬 비바람이 몰아쳐도 쓰러지지 않습니다. 줄기가 딱딱하지 않기 때문이죠. 그런데 갈대랑 억새랑 생김새가 헷갈리신다구요? 갈대는 물기가 많은 곳을 좋아해서 주로 물가에서 많이 자라고, 억새는 마른 땅에서만 자라지요. 하지만 억새 중에서도 물억새는 갈대처럼 얕은 물 속이나 습지에서 자라기 때문에 갈대로 생각하기 쉽습니다. 보통 억새의 잎은 앞 가장자리가 날카로운 톱니처럼 되어 있어서 살짝만 스쳐도 손을 베일 수 있답니다. 억새와 갈대를 가장 쉽게 구별할 수 있는 특징은 이삭이에요. 갈대 이삭은 퍼져 있고 털이 없으며 밤색인 데 비해, 억새 이삭은 한데 모여서 나고 황갈색의 털이 있습니다. 물억새의 털은 부드럽고 흰색을 띠죠. 조금씩 다르기는 하지만 모두 나름의 정취가 있습니다.

늦가을에서 겨울 무렵, 약 2킬로미터에 이르는 대대둑을 걷노라면, 억새와 갈대가 뒤섞여 바람에 일렁이는 풍경에 가슴이 설렌답니다.

대대둑을 풍성하게 만드는 억새

물옥잠 군락(사지포)

물옥잠은 한해살이풀로, 줄기와 잎이 스펀지처럼 되어 있어 물에 잘 뜹니다. 특히 물에 잠겨 있는 물옥잠의 뿌리는 물을 맑게 하는 역할을 하지요. 물옥잠은 8~9월에 보라색 꽃을 피웁니다. 이 무렵 사지포둑 위에서 물옥잠 군락을 내려다보면 환상적인 보라색 향연을 만끽할 수 있답니다.

사지포를 가득 메운 물옥잠

창포 군락(안리 · 주매리 근처)

창포 하면 아마 5월 단오를 떠올리는 분이 많으실 겁니다. 창포 삶은 물에 머리를 감고 뿌리를 깎아 머리에 꽂곤 했으니까요. 창포는 풀 전체에서 향이 나기 때문에 향포, 왕창포라고도 해요. 땅 속 줄기와 잎은 향을 내는 데 쓰이고 뿌리줄기 말린 것은 약재로 쓰이지요. 그런데 많은 사람들이 붓꽃이나 꽃창포를 창포로 잘못 알고 있는데, 이곳에서 한번 확인해 보시면 어떨까요?

우포 물가에서 자라는 창포

노랑꽃창포

꽃창포

붓꽃

왕버들 군락(장재마을 앞)

우포에서 가장 큰 규모의 왕버들 군락입니다. 여름철 물 속에 뿌리를 담그고 있는 왕버들의 모습을 보면 열대우림에서 자라는 맹그로브 나무를 떠올리게 됩니다. 30년 이상 된 왕버들 군락지는 이곳을 찾는 철새와 텃새들에게 포근한 보금자리가 되지요.

내버들 군락(우포둑 · 주매리 근처)

내버들은 물 속에 뿌리를 박고 있으면서 오염된 물을 맑게 하고 여름 철새들과 물고기들의 은신처가 되어 줍니다. 왕버들이 키가 크고 밑둥이 큰 반면 내버들은 뿌리에서 여러 개의 가지가 뻗어 나옵니다.

사지포의 내버들

낮엔 잠자리, 밤엔 반딧불이 축제

-우포늪의 곤충

자연적으로 형성된 늪은, 동식물이 썩어서 만들어진 흙이 깊이 쌓이고 그 위로 물풀이 무성히 자라기 때문에 생물들이 터전을 이루어 살기에는 더없이 좋은 서식처이자 먹이 제공처가 됩니다. 그래서 물 안팎에는 다양한 곤충들이 살고 있지요.

우선 우포늪을 대표할 만한 곤충으로는 잠자리가 있습니다. '잠자리의 천국'이라고 불릴 정도로 우포늪에는 잠자리가 많지요. 우리 나라 잠자리 가운데 가장 덩치가 큰 왕잠자리부터 가을철 가장 흔하게 볼 수 있는 부채장수잠자리와, 산잠자리, 언저리잠자리, 큰밀잠자리, 밀잠자리, 고추잠자리, 날개띠좀잠자리, 청

검은물잠자리

검은색의 꽃잎처럼 보이는 이 검은물잠자리는 물풀의 조직 속에 알을 낳습니다.

실잠자리, 방패잠자리, 방울실잠자리, 등줄실잠자리, 아시아실잠자리……. 어휴, 일일이 열거하기도 힘드네요.

이 잠자리들은 5월에서 10월 사이 물풀이 풍성한 늪가에서 쉽게 볼 수 있습니다. 수채라고 불리는 잠자리 애벌레들이 물 속에서 봄을 보내고 잠자리가 되기 위해 물풀을 타고 올라오기 때문이랍니다.

좀청실잠자리

다른 잠자리에 비해 몸집이 조금 작고 등에는 푸른색의 줄이 있습니다. 아주 날렵하게 생겼답니다.

왕잠자리

다른 잠자리들이 물가 나뭇잎이나 물풀 위에 알을 낳는데 비해 왕잠자리는 콩콩 튀면서 물의 진흙 속에 알을 낳습니다. 몸길이가 11센티미터 정도로 우리 나라 잠자리 중에 제일 크답니다. 왕잠자리는 5~9월 늪가 물이 고인 곳에서 많이 발견됩니다.

등줄실잠자리

방울실잠자리

◐◐◐ 밀잠자리

◐◐ 아시아실잠자리

◐ 날개띠좀잠자리

배치레잠자리 암컷

배치레잠자리는 물풀이 많은 곳을 좋아합니다. 배 모양은 납작하고 폭이 넓으며, 자랄수록 암컷과 수컷의 배 색깔이 달라집니다.

배치레잠자리 수컷

고추잠자리

쇠측범잠자리

애소금쟁이

연못이나 웅덩이, 늪 같은 곳의 물 위를 떠다닙니다. 소금쟁이들은 '봄의 전령' 이라 불린답니다.

'살아 있는 곤충박물관' 이라는 명성에 맞게 우포늪에서는 많은 곤충들을 만날 수 있습니다. 물 위에는 장구애비, 털깨알소금쟁이, 애소금쟁이, 물맴이, 물무당, 송장헤엄치개 등이 떠 있는데, 이들은 주로 죽은 곤충이나 물고기의 체액을 빨아먹으며 산답니다. 이 가운데 송장헤엄치개는 독특하게도 배영을 하듯이 누워서 헤엄을 치며, 먹이인 새우나 작은 물고기 따위를 배 위에 얹어 놓고 체액을 빨아먹습니다.

물 속을 살짝 들여다볼까요? 물 속에도 많은 곤충들이 있습니다. 물자라, 각시물자라, 물방개, 애기물방개, 점박이물땡땡이, 물땡땡이, 게아재비……. 이들은 대부분 물 속에서 헤엄을 치고 놀다가, 수면으로 올라와 꼬리 끝에 달린 호흡관을 물 밖으로 내어 숨을 쉬고는 다시 물 속으로 들어간답니다.

하지만 물방개나 물땡땡이 등은 호흡관이 없어 몸에 공기방울을 달고 다니며 물 속에서 숨을 쉰답니다. 물자라는 암컷이 수컷의 등에 50개 정도의 알을 낳는데, 수컷은 새끼가 나올 때까지 알을 업고 다닙니다. 부성애가 대단하죠? 한편 물방개는 물살이 느린 개울이나 못에 사는데 특히 깨끗한 물을 좋아하지요. 그런데

요즘은 늪의 수질이 나빠지고 있는지 보기가 힘들어졌어요. 대신 물자라, 꼬마줄물방개, 물땡땡이, 물둥구리, 송장헤엄치개 등이 잘 관찰된답니다. 물방개는 다른 곤충을 잡아먹기도 하고, 물고기와 곤충의 시체까지도 먹어치워 '물 속의 청소부'라 불리기도 합니다. 또 생김새가 물땡땡이와 비슷해서 헷갈리기 쉬운데, 몸에 노란 테가 빙 둘러 있어 구별이 가능하지요.

⬆ 물땡땡이

요즘에는 연못이나 웅덩이가 인간의 손에 급속히 사라지고 있기 때문에 여기서 말씀드렸던 곤충들을 모르는 분들이 많을지도 모릅니다. 하지만 예전에 부모님들이 어렸을 때는 이런 곤충들을 가지고 장난감 삼아 놀곤 했답니다.

물 속 바닥에는 주로 곤충들의 애벌레가 살고 있습니다. 늦반딧

⬇ 장구애비

잠자리 애벌레(수채)
잠자리 애벌레는 잠자리로 탈바꿈하기 전까지 물 속에서 삽니다.

물자라
암컷 물자라는 한 번에 한 개의 알을 낳습니다. 수컷 물자라는 수십 번의 짝짓기를 통해 얻은 알들을 이렇게 업고 다니지요.

불이 애벌레, 날도래 애벌레, 잠자리 애벌레 등과 꼬마물벌레, 왕물벌레, 물둥구리 등이 있지요. 이 곤충들은 치열한 먹이다툼을 벌이기도 하고 때론 큰 물고기들의 먹이가 되기도 합니다.

한여름 밤, 우포늪에서는 또 다른 축제가 열립니다. 8월 말에서 9월 사이, 어둠 속 여기 저기서 날아다니는 반짝이는 빛을 좇다 보면 살포시 내려앉는 가을을 느낄 수 있을 거예요. 이 빛의 정체는 바로 늦반딧불이가 짝짓기를 하기 위해 내는 구애의 빛이랍니다. 흔히 개똥벌레라고도 불리는 이 늦반딧불이는 풍뎅이와 같이 딱정벌레 무리에 속해요. 그러면 깜깜한 밤을 택해 늦반딧불이를 따라가 볼까요?

반짝 반짝. 주로 나무나 나뭇잎 위에서 빛을 내는 놈은 암컷이에요. 날아다니면서 빛을 내는 놈은 수컷이죠. 암컷은 속날개가 퇴화되어 날 수가 없답니다. 그리고 배에서 나오는 빛이 두 개이면 수컷, 한 개의 빛만 보이면 암컷이라고 해요.

그런데 반딧불이는 어떻게 빛을 내는 걸까요? 전문가들의 말을 빌리면, 늦반딧불이의 몸 속에 있는 '루시페린'이라는 발광(發光) 물질이 호흡으로 들이마신 산소와 만나 빛을 반하는 거라고 하네요.

늦반딧불이

세계에는 약 2,000종의 반딧불이가 있고, 우리 나라에는 8종이 살고 있는 것으로 확인되었습니다. 큰흑갈색반딧불이, 파파리반딧불이, 애반딧불이, 운문산반딧불이, 북방반딧불이, 왕꽃반딧불이, 꽃반딧불이, 그리고 이곳 우포에서 만난 늦반딧불이 등.

늦반딧불이는 습기가 있는 땅에서 살며, 돌 밑이나 풀숲에 알을 낳습니다. 알에서 깨어난 애벌레는 달팽이나 고둥류를 먹으며 자라는데, 놀랍게도 어른벌레처럼 빛을 낼 수 있답니다. 또 늦반딧불이의 암컷은 애벌레 때와 생김새가 비슷합니다. 이렇게 늦반딧불이 애벌레는 번데기를 거쳐, 8월 말이 되면 어른벌레가 됩니다.

반딧불이는 깨끗한 환경에서만 살 수 있는 생물입니다. 공기와 물이 많이 오염된 오늘날 자연환경을 되살려 반딧불이를 다시 만나고자 하는 운동이 많이 벌어지고 있습니다. 애벌레 시기를 땅 위에서 보내건 물 속에서 보내건 물기가 있는 곳에서 살아야 하는 반딧불이에게 물과 공기가 더러워지는 것은 이들에게서 설 땅을 뺏는 것과 같답니다.

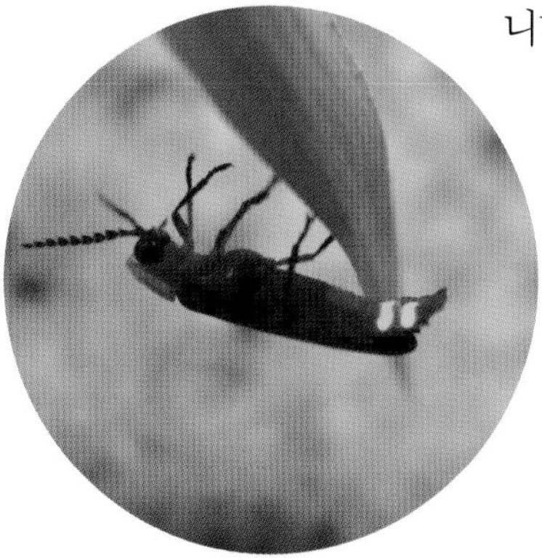

늦반딧불이

한여름 밤에 펼쳐지는 늦반딧불이의 향연

반딧불이는 에너지의 100퍼센트를 빛으로 바꿀 수 있습니다. 열로 바뀌는 부분이 없기 때문에 이 빛은 차갑습니다. 하지만 반딧불이들의 구애는 밤새 뜨겁기만 하지요.

우포늪에서 만날 수 있는 여러 곤충들

우포늪에는 잠자리 못지 않게 많은 곤충들이 살고 있습니다. 낯익은 녀석부터 이제는 보기 힘들어진 녀석들까지 말이죠.

벌호랑하늘소

들이나 야산의 꽃, 또는 쓰러진 나무 등에 많이 살고 있습니다. 전체적으로 몸통은 검정색이고, 등은 황회색의 짧은 털로 덮여 있습니다.

⬆ 무당벌레

⬅ 줄각다귀

섬서구메뚜기

방아깨비

손으로 뒷다리를 잡으면 방아질하듯 위 아래로 움직이기 때문에 방아깨비라 부르게 되었답니다.

애흰수염집게벌레

중국청남색잎벌레

땅강아지

앞발이 매우 튼튼해서 땅을 파기에 적합합니다. 대부분의 생활을 땅 속에서 보내지만 지상으로 나오기도 한답니다.

독나방 애벌레

남색초원하늘소

두쌍무늬노린재

말매미

사향제비나비

푸른부전나비

흰점팔랑나비

호랑나비

선명한 무늬를 가진 호랑나비는 봄에서 여름에 걸쳐 나타나며 엉겅퀴, 백일홍, 나리 등을 좋아합니다.

꼬리명주나비

조개의 몸 안에 알을 낳는 각시붕어

-우포늪의 물고기

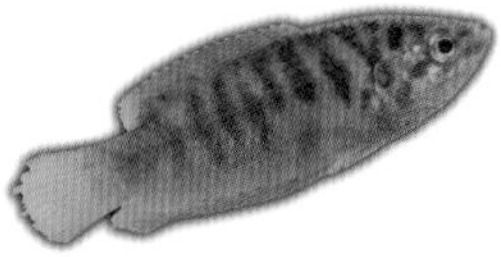

우포늪은 물의 흐름이 빠르지 않고 물풀이 풍부하여 물고기와 수서곤충들이 살기에 좋은 환경을 갖추고 있습니다. 그래서 늪에는 '물 반 고기 반' 이라고 할 정도로 고기가 많지요.

예전에는 낙동강으로 연결된 하천을 따라 또는 낙동강이 범람했을 때 웅어나 뱀장어, 황어, 줄공치, 큰가시고기, 숭어, 잉어, 참몰개 등 낙동강 본류(本流)의 많은 물고기들이 우포늪으로 올라왔습니다. 하지만 낙동강 하구와 우포늪 곳곳에 제방이 만들어져 낙동강과 연결된 하천이 막히면서부터는, 우포늪에서 바다와 강을 오가던 웅어, 뱀장어, 줄공치, 큰가시고기, 숭어 등을 보기 힘들어졌답니다.

줄공치

참몰개

우포늪에서는 약 42종의 물고기가 확인되었습니다. 한정된 공간임을 생각하면 매우 다양한 종류의 물고기가 있는 셈이지요. 이곳에서 계절에 상관없이 가장 많이 보게 되는 물고기는 참붕어와 붕어, 송사리, 각시붕어 등입니다. 물풀이 많고 뻘이 잘 형성되어 있기 때문에 물풀과 뻘이 필요한 이 물고기들에게는 최적의 장소나 다름없죠. 3월이 되면 참붕어와 붕어, 각시붕어 등이 산란을 하느라 늪은 아주 떠들썩해집니다. 이곳에

붕어

이곳 주민들은 붕어를 '희나리' 라고 부릅니다.

잉어

는 붕어가 많이 잡혀 어민들에게 중요한 소득이 되고 있습니다.

우포늪에는 잉어도 있습니다. 눈썰미가 없는 분들은 어떤 게 붕어이고 어떤 게 잉어인지 잘 구별하지 못하시는데, 비늘의 색깔과 입가에 난 수염을 보면 가장 쉽게 구별할 수 있답니다. 잉어는 비늘이 흰색을 띠고 입가에 두 쌍의 수염이 달려 있습니다. 늪이 그리 깊지 않아서 잉어가 많은 편은 아니지만, 봄철 산란기가 되면 낙동강에 사는 잉어와 붕어 등이 토평천을 따라 우포늪까지 올라온답니다.

송사리
물이 그다지 깊지 않고 천천히 흐르는 하천이나 늪의 수면 가까이서 떼지어 다니는 것을 좋아하지요.

버들붕어

↑ 참붕어

참붕어는 붕어와는 전혀 다른 물고기입니다. 우포에서는 '동글이' 라고 부르지요. 그런데 낚시꾼들은 일본에서 들여온 떡붕어와 구별하기 위해 붕어를 비롯한 우리 나라의 붕어를 보통 '참붕어' 라고 부른답니다.

↓ 떡붕어

일본이 원산인 떡붕어는 우리 나라에 들어와 정착한 외래종입니다. 참붕어보다 몸이 더 둥그스름하죠.

우포늪의 물고기를 관찰하기 위해 돌아다니다 보면 갑자기 물 위로 튀어올라 사람을 놀라게 하는 물고기를 볼 수 있습니다. 궁금하시죠? 바로 베스와 블루길이랍니다. 북미가 원산인 이 물고기들은 황소개구리와 더불어 물 속 생태계의 질서를 흐트러뜨린 주범으로 알려져 있습니다. 이들은 작은 물고기도 잘 먹지만 특히 민물새우를 좋아하지요. 민물새우는 보통 물풀이 우거진 곳에 많기 때문에 베스와 블루길도 좋아하는 먹이를 좇아 이런 곳으로 몰려듭니다. 베스와 블루길이 우리 하천으로 들어온 이후 민물새우의 수가 급격히 줄어들어 지금은 보기가 힘들 정도죠. 알려진 것과 달리 베스와 블루길은 올챙이 같은 먹이에는 별로 관심을 보이지 않습니다.

⬆ 베스

⬇ 블루길

베스와 블루길 등 외래종 물고기의 번식이 조금씩 안정되고 있는 사이, 우포늪에는 끄리와 치리가 새롭게 모습을 보이기 시작했습니다. 이들이 낙동강에 나타난 것도 얼마 되지 않았는데 우포늪에 나타난 걸 보면, 우포늪은 끊임없이 새로운 종의 침입을 받는다고 할 수 있습니다.

민물새우

그런가 하면 우포늪의 터줏대감이라 할 수 있는 가물치는 씩씩하게 늪을 지키고 있습니다. 가물치는 5월에서 8월 사이 물풀의 줄기나 잎을 눕혀서 둥지를 만들고 그 속에 알을 낳습니다. 주로 작은 물고기나 수서곤충을 잡아먹으며 살아가지요.

끄리

가물치

우포늪은 물살이 느리고 뻘이 잘 형성되어 있어 가물치가 기어다니기에 안성맞춤입니다. 가물치는 성질이 난폭해 민물고기의 제왕으로도 불립니다.

아까 말씀드린 붕어와 잉어말고도 우포늪에는 흔히 만날 수 있는 물고기가 무척 많습니다. 주민들이 '강준치' 라고 부르는 백조어와 납줄개아과의 물고기들이 줄줄이 있지요. 흰줄납줄개, 각시붕어, 납지리, 큰납지리, 떡납줄갱이, 납자루, 줄납자루, 칼납자루

백조어

등. 이 물고기들은 비슷한 습성을 가지고 있어요. 대칭이나 말조개, 귀이빨대칭이 같은 민물조개에 알을 낳는 것이지요. 그럼 조개 무리는 어떻게 살아 남느냐구요? 걱정 마세요. 우포늪에는 이런 민물조개류와 논우렁이 따위가 무척 많답니다. 이곳 주민들이 내다 팔아 생계를 이어 왔을 정도니까요.

큰납지리

각시붕어

산란기가 되면 수컷의 머리와 배가 불그스름해집니다. 얼마나 예쁘게 색이 물들면 '각시' 라는 이름이 붙었을까요.

흰줄납줄개

자, 우포에서 가장 많이 만날 수 있는 물고기를 말씀드렸으니, 이제 또 다른 대표주자들을 말씀드릴까요? 앞에서 말씀드린 물고기 가운데 각시붕어와 줄납자루, 칼납자루는 우리 나라에서만 사는 물고기랍니다. 우리 나라에서만 살고 우포늪에서도 발견되는 물고기는 또 있어요. 돌마자, 긴몰개, 참몰개 등이죠. 모두 낯설게 느껴지시죠? 돌마자는 물살이 조금 있는 곳을 좋아해요. 그래서 개울 같은 곳에서 돌마자가 떼지어 다니는 모습을 볼 수 있지요. 긴몰개는 우포늪으로 이어진 토평천 수로에서 쉽게 볼 수 있는데, 수로 벽에 붙어서 작은 갑각류나 수서곤충 따위를 먹고 산답니다. 참몰개는 낙동강 본류에서 주로 발견되는데, 낙동강이

긴몰개

돌마자 ➡

버들치 다음으로 많은 물고기예요. 배가 편평해서 바닥에 잘 붙어 있을 수 있죠.

역류했을 때 우포늪으로 올라온 것이 아닌가 생각됩니다. 참몰개는 동식물의 조각이나 식물의 씨, 수서곤충의 애벌레 등을 먹으며 물이 조금 오염되어도 잘 견뎌내지요. 이 외에도 왜몰개, 누치, 참마자, 미꾸리, 미꾸라지, 기름종개, 메기, 버들붕어, 밀어, 줄공치, 송사리, 동자개 등도 우포늪을 누비며 살고 있습니다.

⬇ 버들치

강버들 아래서 노는 것을 좋아해서 버들치라고 하지요.

메기

식용과 약용으로 많이 잡히는 물고기입니다. 산란 때 수컷이 암컷의 배를 감고 강하게 압박하여 알을 낳게 하는 습성이 있죠.

기름종개

하천의 중상류의 모래가 깔린 곳에서 살며, 먹이로는 작은 절지동물 따위를 먹습니다.

미꾸리
미꾸라지와 혼동하기 쉬운 물고기죠. 진흙이 있는 곳을 좋아한답니다.

밀어
돌 밑에 있는 것을 좋아합니다. 산란 후에는 수컷이 알을 지킬 정도로 부성애가 강합니다.

긴꼬리투구새우

긴꼬리투구새우는 등 쪽에 30~40개의 마디로 된 투구 모양의 껍데기와, 등 앞쪽 중앙에 한 쌍의 커다란 눈을 가지고 있습니다. 보통 몇 마리씩 무리를 지어 다니는데, 옛날에는 모내기를 하기 위해 물을 대어 놓은 논에서 자주 볼 수 있었지만 지금은 농약 때문에 보기 힘들어졌어요. 그래서 보호해야 할 동물로 지정되었는데, 목포 쪽에서 많은 수의 긴꼬리투구새우가 관찰된답니다.

아이들과 함께 습지를 만들어 볼까요

야외의 넓은 공간에 자리를 잡고 주변에서 진흙과 모래, 자갈 등을 준비하여 산, 계곡, 강, 습지, 갯벌 등을 만듭니다.

모래와 진흙을 섞은 물을 작은 주전자에 담아 조금씩 '계곡'으로 흘려보냅니다.

습지가 만들어지는 과정을 보다 사실적으로 관찰하기 위해서는 넓은 공간에 산과 들의 경사를 완만하게 만들고, 적은 양의 물을 지속적으로 붓는 것이 중요합니다.

달 밝은 밤에 기러기 떼 날면

-우포늪의 새

우포늪은 깨끗하고 먹이가 풍부해 많은 동물과 새들이 터를 잡고 살며, 철마다 헤아릴 수 없이 많은 새들이 찾아오고 있습니다.

우포늪에 들어서면 우리를 가장 먼저 반겨주는 새는 왜가리입니다. 여름철새로 유명한 왜가리가 이곳 우포늪에서는 아주 눌러앉아 버렸지 뭐예요. 겨울철에 왜가리가 나무 위에 앉아 있는 모습은 우포늪에서는 더 이상 낯선 풍경이 아니랍니다. 왜가리와 인사도 하셨으니 이제 이곳의 다른 새들도 소개시켜 드릴게요.

우포늪에서 관찰된 새는 대략 145종입니다. 이 가운데 터를 잡고 사는 텃새가 30종, 번식을 위해 찾아오는 여름철새가 31종,

구애 중인 왜가리

따뜻한 겨울을 나기 위해 찾아오는 겨울철새가 45종, 봄 가을에 번식지와 월동지를 향해 가는 길에 들르는 나그네새가 39종 등이지요.

우선 우포늪에 터를 잡고 사는 새는 왜가리말고도 흰뺨검둥오리, 원앙, 물닭, 논병아리, 까치, 때까치, 어치, 직박구리, 멧비둘기, 박새, 찌르레기, 붉은머리오목눈이, 노랑턱멧새, 종다리, 굴뚝새, 참새, 청딱따구리, 까마귀, 꿩, 황조롱이, 수리부엉이 등이 있습니다. 이 가운데 흰뺨검둥오리는 주로 늪가 높은 곳에 둥지를 틀고 살지요. 생김새는 전체적으로 갈색빛을 띠고, 뺨은 다소 희며 눈을 가로지르는 검은 띠

원앙

흰뺨검둥오리

쇠딱따구리

따다다닥 딱 딱…… 봄철 우포늪은 쇠딱따구리의 나무 쪼는 소리로 떠들썩합니다.

가 있습니다. 흰빰검둥오리의 움직임을 좇다 보면 오리과의 새 가운데 가장 예쁜 원앙이 눈에 띌 것입니다. 대부분의 동물이 그렇듯이 원앙도 수수한 색의 암컷에 비해 수컷의 생김새가 아주 화려합니다. 붉은색 부리에 광택 있는 녹색 머리, 눈 옆과 뺨의 흰 선, 주황색 깃털 등은 수컷 원앙의 화려하고 아름다운 모습을 더욱 빛나게 해 줍니다.

오목눈이

논병아리

물닭 둥지 안의 어린 물닭

⇧ 때까치

먹이를 가리지 않으며, 잡은 먹이는 나뭇가지나 가시 등에 꽂아두는 습성이 있습니다.

⇩ 꿩

수리부엉이

천연기념물인 수리부엉이는 봄철 왜가리 서식지인 목포늪가의 우포민박 옆 우항산에서 자주 목격됩니다. 몸집이 크고 힘도 세기 때문에 큰 짐승들도 사냥할 수 있습니다. 가끔 한밤중에 왜가리를 사냥하기 때문에 왜가리의 비명소리가 들려오기도 한답니다.

검은댕기해오라기의 먹이 먹는 모습

검은댕기해오라기는 오랫동안 움직이지 않고 물 속을 들여다 봅니다. 나뭇가지 주위에 물고기들이 서성이면 그 순간을 놓치지 않고 긴 목과 부리를 이용해 물고기를 낚아 올립니다.

그럼 이제 우포늪에 잠시 머물다 떠나는 새들을 살펴볼까요?

우선 여름에 우포늪을 찾아오는 새로는 제비, 귀제비, 꾀꼬리, 물총새, 꼬마물떼새, 개개비, 뻐꾸기, 덤불해오라기, 노랑때까치, 알락할미새, 쇠물닭, 중대백로, 중백로, 쇠백로 등이 있습니다.

이 가운데 백로 무리는 왜가리와 습성이 비슷해서 여름이 지나도 우포늪을 떠나지 않고 있습니다. 이곳에서는 백로도 텃새가 되어가는 것이지요. 쇠물닭은 새까만 몸에 끝이 노란 붉은색 부리를 가지고 있습니다. 생김새가 닭과 비슷하지만 실제로 닭과는 아무 관련이 없답니다. 또 긴 발가락 사이에 붙은 물갈퀴는 연잎 위를 자연스럽게 걸을 수 있게 해 주고, 뾰족한 부리는 늪에서 자라는 물풀의 줄기를 쉽게 잘라 먹을 수 있게 해 주지요. 쇠물닭은 갈대, 부들, 창포 같은 물풀이 많은 곳을 좋아하기 때문에 둥지도 물풀

가운데 만들어 놓습니다. 덕분에 비가 많이 와 물이 불어나도 둥지가 따라 올라가기 때문에 잠기거나 떠내려가지 않는답니다.

꾀꼬리

쇠물닭 가족

여름철새로, 부리가 붉은 것이 특징입니다.

노랑때까치

때까치와 생김새가 비슷하지만 옆구리가 노란색을 띠고 있습니다.

중대백로

백로 무리가 날아가는 모습

중백로

새들이 즐겨 찾는 곳도 제각각

목포는 다른 곳에 비해 수심이 깊기 때문에 논병아리나 물닭처럼 잠수를 할 수 있는 새들이 주로 찾습니다.

사지포는 물이 깊지 않아 도요새 같은 작은 새들이 좋아하지요.

우포는 가장 넓기 때문에 많은 새들이 머무는 곳입니다. 소목 근처와 대대둑 근처에서 새를 관찰하기 좋습니다.

쪽지벌은 늪이 작은 만큼 사람들이 많이 찾지 않으므로 새들이 쉬기에 적합한 곳입니다.

독수리

주로 추운 지방에서 관찰되는 독수리가 먹이를 찾아 남쪽으로 내려오기도 합니다. 겨울철 우포늪에서도 독수리를 종종 볼 수 있답니다.

겨울철에는 여름철에 비해 우포늪으로 찾아드는 새가 훨씬 많습니다. 먹이가 풍부하고 머물기에 적당하기 때문이겠지요. 나뭇잎들의 색이 바래기 시작할 무렵이면 우리 나라에서 수천 킬로미터 떨어진 시베리아와 중국 등지에서 이곳 우포늪을 향해 수십만 마리에 이르는 겨울철새들이 날아옵니다.

우포늪으로 찾아드는 겨울철새로는, 흑부리오리, 청둥오리, 청머리오리, 알락오리, 고방오리, 홍머리오리, 흰비오리, 큰기러기, 고니, 큰고니, 혹고니, 흰죽지, 댕기흰죽지, 검은머리흰죽지 등 오리류가 가장 많고, 노랑부리저어새, 대백로, 댕기물떼새, 백할미새, 노랑지빠귀, 쑥새, 솔개, 독수리 등이 있습니다.

이 가운데 노랑부리저어새는 수가 많이 줄어들어서 우리 나라에서는 천연기념물이면서, 전 세계적으로 멸종위기에 처한 새입

니다. 이 새는 생김새가 독특해요. 부리가 길고 주걱처럼 생긴 부리 끝은 노란색을 띱니다. 주로 대대제방 아래나 토평천 쪽의 얕은 물에서 겨울을 보내지요. 이 새는 긴 부리를 물 속에 담그고 얕은 물웅덩이나 늪 가장자리에서 부리를 이리저리 휘저으며 먹이를 잡는데, 이때 새우, 물고기 등이 부리에 걸리면 재빨리 집어삼킨답니다.

댕기물떼새

머리에 댕기처럼 보이는 장식을 달고 있어서 댕기물떼새라고 합니다. 무리지어 사는 겨울철새지요.

노랑부리저어새

⬆ 댕기흰죽지

⬇ 흰죽지

청둥오리

우리 나라에서 가장 흔한 겨울새입니다. 이동할 때는 무리가 V자 모양으로 펼쳐져 날지요. 보통 낮에는 호수나 해안 등 탁 트인 곳에서 먹이를 찾고 저녁에 논이나 습지로 와서 아침까지 머뭅니다.

고방오리

쇠오리

넓적부리

⬆ 큰기러기

쇠기러기, 큰부리큰기러기 등과 함께 겨울철 우포늪에서 가장 많이 볼 수 있는 철새입니다. 대대둑 아래처럼 수심이 얕은 곳에서 물풀의 뿌리를 주로 먹는데, 길고 굵은 목과 두꺼운 부리는 땅 속에 단단히 박힌 뿌리를 먹기에 알맞습니다.

⬅ 큰고니

큰고니는 '백조' 라고 불리는 고니에 비해 몸집이 크고 목이 더 가늘고 깁니다. 물풀의 줄기와 뿌리, 열매, 수서곤충 따위를 먹으며 겨울을 보냅니다.

⬆ 큰고니　⬆ 고니

물론 나그네새도 있습니다. 나그네새는 다른 곳으로 가는 도중에 잠시 쉬었다 가는 새를 말합니다. 여기에는 비둘기보다는 작지만 긴 다리와 가는 부리를 가진 알락도요, 부리가 길고 갈색 몸통에 불규칙한 선이 있는 꺅도요 등이 있습니다. 알락도요는 동남아시아에서 겨울을 보내고 중국이나 몽골로 번식을 하기 위해 갑니다. 꺅도요와 함께 우포늪 가장자리의 갯벌에서 곤충을 잡아먹는답니다.

꺅도요

알락도요

딱새 수컷

딱새 암컷

타작마당엔 너구리가 도망가고

-우포늪의 포유 · 양서 · 파충류

우포늪에는 새와 곤충뿐 아니라 너구리와 다람쥐 같은 포유류와, 개구리, 뱀 같은 양서 · 파충류도 많이 살고 있습니다. 우선 늪 주변에서는 땃쥐나 두더지, 집쥐, 멧밭쥐, 청설모, 다람쥐, 집박쥐, 멧토끼, 너구리, 족제비, 삵, 고라니 등 12종의 포유류가 관찰됩니다. 예전에는 수달도 많이 있었다고 해요. 하지만 1990년대 이후 주민들이 놓은 그물과 밀렵꾼 때문에 그 수가 점차 줄어들어서 지금은 찾아보기 힘들 정도랍니다. 물론 지금은 수렵이 금지되어 있죠.

다람쥐

청설모

⬆ 너구리

고라니 ➡

우포늪에서 만나는 거미

우포늪에는 다양한 곤충들이 있기 때문에 이들 곤충을 잡아먹는 거미류도 많이 발견됩니다. 호랑거미, 깡충거미, 늑대거미 등 우리 주변에서도 쉽게 볼 수 있는 거미들과, 이 거미들이 여름 늪가의 풀숲에 쳐 놓은 거미줄을 쉽게 볼 수 있지요.

한국깔대기거미

긴호랑거미

🅞 연두어리연왕거미

🅞 기생왕거미

🅞 황닷거미

늪 주변을 걷다 보면 발자국 소리에 놀라 풀숲에서 불쑥 튀어나오는 참개구리를 보게 됩니다. 개구리들이 한창 활동하는 봄과 여름에는 참개구리뿐만 아니라 풀잎에 매달려 있는 청개구리, 배가 알록달록한 무당개구리, 울음소리가 황소 같다는 황소개구리, 두꺼비 등을 어렵지 않게 볼 수 있지요.

봄철에는 참개구리의 울음소리를 많이 들을 수 있습니다. 참개구리는 '드르륵' '끄르륵' 하는 소리를 내요. 참개구리들의 울음소리는 사지포와 우포 사이의 습지에서 많이 들려오는데 아니나 다를까, 이 소리를 듣고 중대백로, 왜가리 같은 새들이 참개구리를 잡아먹으러 자주 나타난답니다. 그러나 여름이 가까워지면서 참개구리의 울음소리는 잦아들고, 청개구리와 무당개구리의 소리로 이어집니다.

⬆ 무당개구리

⬇ 참개구리

처음엔 생태계 파괴의 주범으로 지목됐던 황소개구리의 번식도 차츰 진정되고 있습니다. 여름철 우포늪을 찾으시는 분들은 무거운 공기를 가르며 들려오는 황소개구리의 울음소리에 놀라지 마세요. 7월이 되면 우포늪은 청개구리와 무당개구리들이 우는 소리로 귀가 먹먹해집니다. 황소개구리가 밤낮없이 우는 데 비해 청개구리와 무당개구리는 주로 밤에만 운답니다.

황소개구리

청개구리

4월쯤에는 우포늪 주변의 몇몇 웅덩이에서 도롱뇽과 그 알덩이들을 볼 수도 있습니다. 아이들에게 선물한다고 담아 가시면 절대 안 됩니다. 도롱뇽은 수가 급격히 줄고 있기 때문에 우리가 앞장서서 보호해야 한답니다.

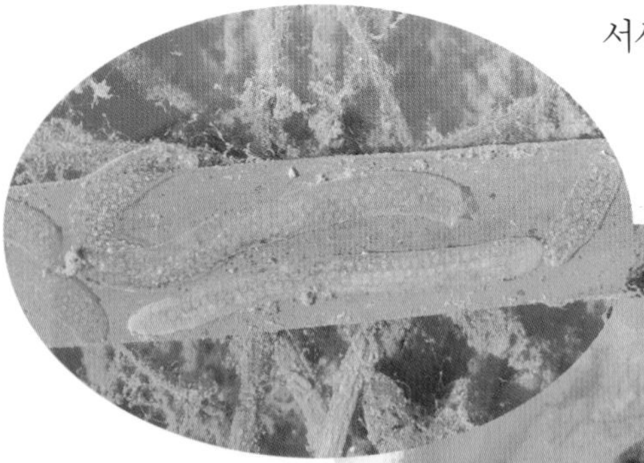

⬆ 도롱뇽 알

어린 도롱뇽 ➡

목포 주변에서는 남생이, 자라, 줄장지뱀, 유혈목이, 무자치, 누룩뱀, 쇠살무사, 살무사 같은 파충류가 종종 나타납니다. 독을 가진 유혈목이나 능구렁이도 늪가에서 자주 볼 수 있습니다. 우리가 흔히 도마뱀이라고 생각하는 동물들은 대개 장지뱀 종류예요. 뱀처럼 생긴 몸에 네 개의 다리가 있죠. 가끔 우포늪 일대에서 몸을 말리고 있는 줄장지뱀을 볼 수도 있답니다.

⬆ 줄장지뱀

사람들은 흔히 뱀을 무서운 존재로 오인하는데 사람이 뱀을 놀라게 하지 않는 한 뱀은 사람을 해치지 않습니다. 뱀은 되레 사람들에게 해로운 들쥐 등을 잡아먹는, 생태계에서 없어서는 안 되는 '유익한' 동물입니다.

그런데 여러분. 우포늪 주변에 만들어진 둑과 도로, 버려진 쓰레기 등은 동물들이 살아가는 데 심각한 위협이 되고 있습니다. 물론 둑과 도로를 허물 수는 없지만, 이들 생물들과 함께 살고 이 생물들도 우포늪에서 안정적으로 살아갈 수 있도록 우리 모두 마음을 모았으면 좋겠습니다.

자라

남생이와 붉은귀거북

남생이를 아시나요? '남생이' 하니까 반가운 분들 있으시죠? 남생이는 우리에게 친근한 토종 민물거북입니다. 먹이는 조개류와 지렁이, 물고기, 가재, 물풀 등 가리지 않고 먹죠. 따뜻한 날이면 물가에서 몸 말리기를 좋아하고, 너무 더우면 그늘이나 물 속으로 들어가지요. 가을에 짝짓기를 해서 다음 해 6월쯤 알을 낳으러 뭍으로 올라옵니다. 그런데 우포늪뿐만 아니라 전국적으로 남생이가 알을 낳을 수 있는 환경이 사라지고 있고, 이런 까닭에 남생이는 생존에 위협을 받고 있습니다. 지금은 보호를 필요로 할 뿐 아니라 멸종위기에 처한 동물로 지정되어 있습니다.

남생이

남생이와 함께 우포늪에서 볼 수 있는 동물로 붉은귀거북이 있습니다. 흔히 청거북이라고 부르죠. 이 붉은귀거북은 1990년대 미국에서 들여온 외래종인데, 집에서 키우다 강이나 하천에 버리거나 종교적인 이유로 놓아주면서 그 수가 크게 늘어났습니다. 붉은귀거북은 무엇이든 잘 먹고 어디에나 잘 적응하기 때문에 온순한 성질의 남생이가 먹이 경쟁에서 붉은귀거북에게 밀릴 수밖에 없어요. 급기야 붉은귀거북은 들여온 지 십여 년 만에 전국의 크고 작은 하천으로 퍼져 우리 생태계를 위협하는 존재가 되었습니다.

붉은귀거북

논우렁이를 캐는 아낙네들

-늪과 함께 살아가는 사람들

우포늪 주변은 오랜 세월 낙동강의 범람과 함께 실려 온 흙이 쌓이고 쓸려 나가는 과정을 반복하면서 비옥한 땅이 되었습니다. 장마철만 되면 지대가 낮은 땅은 아직도 물에 잠겨서 벼농사나 여름작물을 재배하는 데 어려움을 겪는 대신, 겨울부터 봄까지는 마늘과 양파를 키울 수 있습니다. 이곳에서 나는 양파와 마늘은 이곳 주민들에게 중요한 소득원이 되고 있죠. 그래서 우포의 들녘은 다른 곳에 비해 유난히 겨울이 분주합니다.

현재 우포늪은 주변의 농경지를 포함해 260만 평이 자연생태계보전지역으로 지정되어 있습니다. 그 중 우포늪은 약 70만 평(약 231만 제곱미터)에 이르고, 비가 오지 않으면 약 50만 평으로 줄어들지요. 이곳 주민들은 겨울철 물이 줄어든 가장자리 땅을

마늘을 거둬들이고 있는 모습

가을걷이 후에는 마늘과 양파를 심습니다.

양파는 모내기를 하기 전에 수확합니다.

이용해 보리며 밀, 양파, 마늘 등을 기른답니다. 일부 지역에서는 벼농사를 짓기도 하는데 늪과는 조금 떨어진 좁은 땅에 한정되어 있습니다.

운이 좋으셨다면 늪 속에 들어갔다 나왔다 하는 아주머니를 보셨을지도 모릅니다. 바다도 아닌 늪에서 웬 아주머니들이 해녀처럼 늪에 들어가 있냐고요? 이분들은 늪 바닥에 사는 논우렁이와 민물조개 따위를 잡고 계신 거랍니다. 우포늪은 수심이 깊지 않아 물고기나 논우렁이를 잡기 쉽고, 이것들을 시장에 내다 팔면 그런대로 짭짤한 수입을 올릴 수 있기 때문이죠. 이곳에 사는 주민들은 젊었을 때부터 늪에 들어가 우렁이를 잡으며 살아온 분들이랍니다. 주로 아주머니들이 우렁이를 잡고, 아저씨들은 그물을 놓아 물고기를 잡지요.

혹시 늪 곳곳에 띄워진 이상한 표식과 장대나뭇배를 보셨나요? 이 표식은 물고기를 잡기 위해 쳐 놓은 그물의 위치를 표시한 것입니다. 그리고 장대나뭇배는 그

물에 걸린 고기를 건지기 위해 왔다 갔다 하는 것이죠. 이곳에서는 붕어, 가물치, 베스, 블루길 등이 많이 잡히고 있습니다. 잉어는 붕어에 비해 그리 많이 잡히지 않는데, 그 이유는 우포늪이 다른 호수나 강에 비해 깊지 않기 때문이죠.

이곳 우포늪에는 전설이 하나 전해져 내려오고 있어요. 어부들의 말에 의하면, 이곳 우포늪에는 100살이 넘은 잉어가 살고 있다고 해요. 이 잉어는 비늘이 보통 잉어와 달리 검은색을 띠고 우포에 관한 모든 것을 주관하며 늪 바닥에 몸을 숨겨 사람의 눈에 띄지 않는다고 하네요. 어부들은 이 잉어가 만약 죽거나 다치는 날에는 나라에 큰 어려움

우렁이를 채취해 가고 있는 아주머니

주민들이 잡아올린 물고기들

논우렁이나 민물조개 등은 주로 4~10월에 잡습니다. 특히 7~8월 사이에는 물이 그리 깊지 않아 우렁이와 조개를 많이 건져올릴 수 있습니다.

이 닥칠지도 모른다고 해요. 언제부터 내려온 전설인지는 모르지만 이 이야기 덕분에 주민들은 늪을 함부로 대하지 못한다네요.

한때 가물치 양식은 우포늪의 어부들에게 짭짤한 소득을 가져다 주었는데, 우포와 목포에서 잡은 고기들로 마음껏 먹여서 키울 수 있었기 때문이죠. 그런데 1997년 우포늪이 자연생태계보전지역으로 지정되면서 늪에서 일반인들의 고기잡이가 금지되고, 주민 가운데서도 15명만 고기잡이를 할 수 있게 되었지요. 여러분은 우포늪에서 절대 낚시하지 마세요. 불법이기도 하지만 화재의 위험도 매우 크기 때문입니다.

우포늪에서는 장대나뭇배를 타고 나가 '가래'라는 도구로 물고기를 잡습니다. 가래로 고기를 잡는 것은 우포늪에서만 볼 수 있는 독특한 방법이지요. 물 위에 장대나뭇배가 떠 있는 모습을 보면 사람도 자연의 일부라는 생각이 저절로 들게 됩니다.

시시각각 변하는 늪의 다양한 얼굴

-우포늪의 사계

우포늪의 봄은 늪 가장자리의 논두렁에서 제일 먼저 묻어납니다. 소루쟁이, 다닥냉이, 토끼풀, 개망초, 방동사니 등이 신선한 봄빛을 안겨 주지요. 왕버들과 수양버들에는 물이 한껏 오릅니다. 물 위에서는 소금쟁이, 장구애비, 물방개, 물둥구리, 물땡땡이가 봄을 맞이하느라 분주하고, 장다리물떼새 등 여러 새들도 겨울 내내 움추렸던 몸을 턴답니다. 우포는 봄마중을 하기에 그만인 곳이라고 할 수 있죠.

우포늪

커다란 짐승 한 마리 수진 숨을 몰아 쉰다.
억만 년 전 죽음 위에 불 지피는 목숨의 끈
역사란 마름풀의 삶 뿌리띠를 짜고 있다.
토평천 흘러와도 출구는 알 수가 없어
먼하늘 통째로 삼킨 입은 커서 평원이고
자연을 자연에 맡긴 하늘 뜻은 초록이다.
우리 잠시 머물다 떠나야 할 길손일 뿐
자라풀 가시연잎 쇠물닭을 띄워 놓고
섭리라 눈여겨 보며 옷깃 여밀 일이다.

-이 상 범

햇살 따가운 여름이면 훌쩍 자란 부들과 창포, 올방개, 갈대, 생이가래, 자라풀 등이 수면을 가득 메워 우포늪에는 초록의 융단이 깔립니다. 가시연, 어리연 등 여러 물풀들이 꽃망울을 터뜨리면 늪은 더욱 신비스러워진답니다.

여름 우포늪에서 빼놓을 수 없는 것이 또 있습니다. 바로 잠자리죠. 겨우내 물에서 자란 잠자리 애벌레가 따뜻한 봄기운에 물풀을 타고 올라와 고치를 벗기 시작하면, 우포는 온통 잠자리와 나비들로 정신을 차릴 수 없게 되지요. 아시아실잠자리, 고추잠자리, 배추흰나비, 긴꼬리명주나비, 제비나비 등이 우포를 아름답게 수놓는 모습을 볼 수 있답니다.

우포늪에서

길은 어느 틈엔가
원시로 접어들었다.
거미줄 같은 햇살이
나를 빨아들이고
한번도 본적이 없는
풀들이 밟혀온다.
여름 내내 피다 질
저 하얀 옥잠 꽃
오늘은 발이 빠져
역사속으로 갇히고
시간을 감고 있던 물뱀
그 위로 지나간다.

-강 현 덕

한여름 귀가 찢어지도록 울리던 매미소리가 잦아들기 시작하면 우포늪은 또 다른 모습으로 다가옵니다. 이른 아침 물안개 피어오르는 늪을 보노라면 태고적 품어 내던 이 땅의 숨결을 느낄 수 있습니다. 비라도 내리는 날에는 가슴 한켠을 에는 듯한 비감(悲感) 마저 들지요.

해가 지면 또다른 정취를 느낄 수 있습니다. 초록빛의 융단이 가을볕에 익어가고, 풀벌레 소리에 가을이 깊어갑니다. 더불어 이곳에는 문명의 빛이 없어 까만 밤하늘을 가득 메운 별들과 밤새 날아다니는 늦반딧불이가 우포늪의 가을밤을 밝히지요.

여운 餘韻

헬리콥터처럼 수직으로 내려오지 못하는 슬픔
백로는 물이 흐르는 가까운 곳, 집을 짓는다
우포늪이 있는 우항산牛項山 솔숲, 한밤중에도
그것들은 목화솜처럼 희게 부풀어 오른다
날빛 들기 전 이른 새벽 소택지에 떠오른 가시연꽃들
불을 켜고, 둥둥둥 떠다니는 둥근 연잎새를 디딤돌로
통, 통, 통, 통통, 발굽을 차며 사뿐 내려앉는다
하얀 발가락들이 젖어 불빛에 환하다
불꺼진 다음에도 발목이 다 붓도록 디딤돌을 딛는다
망망대해를 건넌 저것들에게도 이런 슬픔이 있다는 것,
물안개 속에서도 통, 통, 통, 통통, 저 디딤돌 뛰는 소리
내 숨구멍까지 크게 열려 한 몸이 한 박자를 이룬다
내 몸 안에도 한 춤사위 한 장단 있음을 안다

-송수권

겨울 우포늪은 그야말로 철새들의 천국입니다. 노을이 드리운 저녁 하늘을 나는 가창오리, 청둥오리, 큰기러기 등 철새들의 모습은 시심(詩心)을 자극하지요. 가을빛으로 물들었던 풀들이 겨울 바람에 걷히고 나면 그 자리를 큰고니들이 하얗게 뒤덮어 무한한 감동을 선사합니다. 우포늪의 겨울은 따뜻합니다.

저기 젖은 나무가 보이네

말하지 않아도 생각이 어지러운 날
정갈하게 몸 씻는 저기 젖은 나무가 보이네.
억겁의 생을 두고 이루지 못한 우리 무심한 사랑
첨벙첨벙 맨발로 건너오는 은밀한 슬픔의 밑바닥
물풀에도 목이 잠겨 휘어진 저기 젖은 나무가 보이네.
기억의 골짜기를 배회하던 한 무리 철새와 몸 낮추어
입맞추던 어린 뱀과 긴 더듬이 머뭇거리던 곤충 모두
낯선 길을 물어 서성일 때 꺼지지 않는 등불
푸르게 켜든 저기 젖은 나무가 보이네.

- 김 혜 연

한 폭의 수묵화, 우포늪의 물안개

우포늪을 사랑하는 사람들이 입을 모아 말하는 것이 또 하나 있습니다. 그것은 바로 늪과 산허리를 감아도는 물안개입니다. 새벽녘 어슴푸레 피어오르는 물안개는 신비로운 분위기를 자아냅니다. 물안개를 헤치며 큰기러기와 청둥오리 떼가 유유히 헤엄치고, 붉은 해가 주춤주춤 떠오르기 시작하면 노랑어리연이 수줍게 고개를 들고 꽃잎을 펴지요. 이른 새벽 물안개가 만들어 내는 늪의 풍경은 그야말로 한 폭의 수묵화입니다.

하지만 이곳을 찾는 분들이 물안개에 젖어 있는 풍경을 만나기란 쉽지 않습니다. 왜냐하면 물안개는 지난밤과 새벽의 기온차가 나지 않으면 만들어지지 않기 때문이랍니다. 그래서인지 여름이나 초겨울의 아침녘에 쉽게 볼 수 있지요. 물안개를 보고 있노라면, 생성과 소멸, 생명과 죽음까지도 무색하게 만드는 자연의 위대함에 저절로 경건해진답니다.

우포늪 주변의 늪들

세모늪

우포늪과 좀 떨어진 곳에 위치하고 있으며, '세못' 이라 불리기도 합니다. 작은 물길 외에는 늪으로 들어오는 물이 별로 없어 크기는 작지만 물은 맑은 편입니다. 또한 이곳에는 가시연이 그 어떤 늪보다 아름답게 우거져 있습니다.

대학늪

다른 늪에 비해 물이 그리 깨끗해 보이지는 않습니다. 하지만 연꽃과 가시연이 많고, 또 물옥잠이 군락을 이루고 있습니다. 쇠물닭과 물닭, 논병아리 같은 새들도 이곳을 많이 찾는답니다.

세모늪

장척늪

낚시꾼들이 많이 모이는 곳으로 유명합니다. 이 늪에는 독특하게도 길게 난 둑의 저쪽과 이쪽 모두에 비교적 큰 네가래 군락이 넓게 펼쳐져 있습니다. 연꽃과 가시연, 어리연, 노랑어리연 등도 볼 수 있습니다.

번개늪

물이 그리 맑지는 않지만 마름, 자라풀, 노랑어리연 등이 무성하게 자랍니다. 번개늪 역시 우포늪보다 먼저 낚시꾼들에게 알려졌다고 하네요.

팔락늪

이 늪의 이름은 '여덟 가지 즐거움을 누리는 정자'라는 뜻의 '팔락정(八樂亭)'에서 따온 것입니다. 늪 옆에는 조선 중기에 세워진 정자가 늪을 바라보며 서 있습니다.

용호늪

대합면과 이방면에 가까운 이 늪은 40년 전부터 매립 등 개발이 진행되어 오다가 1997년 무렵 공사가 중단되었습니다. 이곳에는 양식장이 있고 낚시꾼들이 많이 몰립니다. 생이가래가 무성하게 자라는 것도 이 늪의 특징입니다.

번개늪

자연은 생명을 잇는 고리

습지는 지구상에 존재하는 가장 중요한 생태계의 하나입니다. 풍부한 먹이와 서식처를 제공하므로 새와 물고기, 곤충과 식물 등 여러 생물들이 살아가기에 최적의 조건을 갖추고 있지요. 전 지구상에 존재하는 생물들의 약 5분의 1이 습지를 생활터전으로 삼고 있으며, 어업활동의 대부분을 습지에 의존하고 있다고 하니 정말 대단한 일이 아닐 수 없습니다. 또 습지는 물 속의 각종 오염물질을 정화, 순환시키기 때문에 '자연의 콩팥' 이라고도 불린답니다.

습지는 단순히 숨막힐 듯 아름다운 풍경뿐만을 제공하는 것이 아닙니다. 잘 보전된 생태계나 먼 미래의 인류의 윤택한 삶과도 밀접한 관련이 있기 때문에 그 중요성이 점점 강조되고 있는 것입니다. 따라서 좁은 국토를 가지고 있는 우리 나라에 습지가 있다는 사실은 여러 가지 면에서 매우 중요하답니다.

우포늪은 1970년대에 홍수 때 낙동강이 범람하는 것을 막고 배수 시설을 만들어 농지로 개발하기 위해 제방을 쌓으면서 면적이 많이 줄어들었습니다. 하지만 내륙 습지로서 중요성을 인정받아 자연생태계보전지역으로 지정되었을 뿐만 아니라 습지보전국제협약(람사협약)의 습지목록에도 등록될 수 있었습니다.

우포늪이 보호구역으로 인정을 받기까지는 매우 힘든 과정을 겪어야만 했습니다. 사람들이 습지의 가치를 잘 몰랐기 때문이죠. 습지에서 얻을 수 있는 이득보다는 개발과 농사를 통해 얻는 이득이 더 크다고 생각했고, 그러니 하수나 폐수로 인한 오염도 무방비 상태에 놓여 있을 수밖에 없었습니다. 지금도 생태계의 허파 구실을 하는 전국의 많은 습지들이 하나 둘씩 사라지고 있는 안타까운 상황입니다.

우포늪에도 여전히 많은 위험들이 도사리고 있습니다. 우선 가장 위협적인 존재는 주변의 축사와 농약, 그리고 왕래하는 사람들입니다. 축사에서 나오는 가축들의 분뇨와 폐수, 홍수 때마다 밀려드는 농약병, 폐타이어 등 각종 쓰레기는 늪의 환경과 생태계를 어지럽히는 요인이 되고 있습니다. 그래서 환경관련 전문가들은 한결같이 우포늪 주변에서는 유기농법을 이용하여 작물을 재배하는 것이 시급하다고 말합니다. 이 외에도 각종 물고기와 곤충을 잡아먹는 황소개구리와 수중 생태계의 무법자인 베스와 블루길, 붉은귀거북도 우포늪에서 퇴치하고 싶은 대상입니다. 그뿐인가요? 국가에서 우포늪에 그물을 놓을 수 있는 사람과 그물 수를 정해 두었지만 최근에 조사된 결과를 보니, 몇 배나 많은 그물이 놓여 있었으며 물 밑에는 수십 톤의 폐그물이 가라앉아 있었다고 해요. 주민들의 심정은 이해하지만 이런 행위는 이곳을 터전으로 살아가는 생물들에게 치명적인 위협이 됩니다. 물고기에게는 말할 것도 없고, 새들에게는 그야말로 죽음의 덫이지요. 새들이 날아오르고 내려앉을 때, 또는 잠수해서 고기를 잡을 때 그물은 새의 발목을 잡거나 목을 죄는 무시무시한 살상무기로 변하고 맙니다. 하루빨리 폐그물과 불법 그물을 걷어내지 않으면 철새들의 수도 점점 줄게 될 것이고, 그러다 보면 우리 인간들에게도 영향을 미치게 될 거예요.

우포늪이 습지보전국제협약의 습지목록에 등록된 후, 늪과 생태계를 보호하기 위한 많은 노력들이 있었으며 지금까지도 이어지고 있습니다. 뜻 있는 사람들의 관심과 노력으로 우포늪은 본연의 모습을 유지하고 많은 생명체들이 살아남을 수 있었습니다. 지금은 어디서도 볼 수 없는 식물들이 여러분을 반기고, 도감에서나 만날 수 있던 새와 동물들이 겁도 없이 다니고 있죠. 우포늪은 예나 지금이나 변함없이 이곳의 주민들과 동식물에게 삶의 터전이자 인식처고시의 역할을 하고 있답니다.

자, 우포늪을 구경하느라 고생하신 여러분께 마지막으로 감사의 선물을 드리고 싶네요. 여러분께 새를 관찰하기 좋은 곳을 알려 드릴게요. 새를 관찰할 때는 조심해야 하는 것, 잊지 않으셨겠죠? 큰 소리를 낸다거나 모습을 드러낸다거나 하면 새들이 놀라 달아나기 때문이에요.

우선 쪽지벌과 가까운 우포에서 대대둑으로 이어진 길은 산책하기에도 좋고 새들을 가까이서 볼 수도 있답니다. 그리고 우거진 억새밭을 가르며 대대둑에 오르면 겨울철새들이 모여서 먹이를 먹거나 하늘을 나는 모습을 볼 수 있습니다. 우포를 찾는 대부분의 사람들도 이곳을 많이 찾는데, 기러기나 청둥오리, 큰고니, 왜가리 등 수많은 종류의 철새를 관찰하기에 이만한 곳이 없기 때문이죠.

대대둑 근처에서 쉬고 있던 새들은 사람들이 나타나면 우항산 아래로 날아가 모입니다. 그래서 새들을 따라 우항산을 오르면 새들이 모여앉아 있는 것이 내려다보이죠. 한번에 수천 마리의 새들이 날아오르는 모습을 산 위에서 내려다본다니, 설레지 않으세요?

이제 여러분과 작별을 해야 할 때가 왔군요. 우포늪 여행이 즐거우셨나요? 여러 자료에 의하면 우포늪은 점차 육지로 변해가는 과정에 있기 때문에, 300년쯤 지난 후에는 어쩌면 볼 수 없을지도 모른다고 해요. 늪에서 느껴지는 원시의 숨결이 아니더라도, 매 순간 시시각각 변하는 우포늪의 풍경이 여러분께 감동을 주었듯이 여러분도 자연에 작은 보답을 해 주실 수 있다면 좋겠습니다. 우리는 이곳 우포늪을 포함한 자연의 일부이기 때문이죠.

소목에서 본 우포, 백로 무리가 날아감

습지보전국제협약(람사협약)

우포늪은 1997년에 환경부로부터 자연생태계보전지역으로 지정됐으며, 1998년에 우리 나라가 습지보전국제협약에 가입하면서 강원도 내암산 용늪과 함께 습지목록에 등록되었습니다.

흔히 '람사협약' 이라고 부르는 이 협약은 1971년 2월 이란의 람사(Ramsar)에서 채택되어 1975년 12월에 발효된 정부간 협약으로, 정식명칭은 '물새 서식지로서 특히 국제적으로 중요한 습지에 관한 조약(The Convention on Wetlands of International importance especially as Waterfowl habitat)' 입니다. 원래는 철따라 여러 나라를 이동하는 철새가 오염된 지역에 머문다면 생존의 위협을 받게 되므로 먼저 철새의 서식지인 습지를 보호해야 할 것이라는 생각에서 시작되었습니다. 세월이 흐르면서 처음의 의도는 점차 확대되었지요. 지금은 철새의 서식지라는 의미뿐만 아니라 종다양성의 보존과 인류의 좀 더 나은 생활을 위해 습지를 보존하고 현명하게 이용하자는 데 큰 의미를 두게 되었답니다.

우포에 가면

우포에는 늪만 있는 것이 아닙니다.
우리가 이 땅에 잘못 내려놓은 말씀과
행위들이 화해의 이름으로 먼저 와 있습니다.
4계절 '우우' 맑은 휘파람을 부는 갈숲
가오리연 같은 철새들의 저공비행
각시붕어, 개구리, 논고동, 송사리들이
쳐 대는 삐삐 소리도 들리고
어릴 적 외할머니 논두렁길 낯익은 추억 따라가듯
우포 찾아가는 날은 소풍가는 기분입니다.
사람과 늪, 새와 갈대들이 개펄에 주저앉은 듯
서로 보듬고 빠지는 '푸른우포사람들' 의 마음
태고의 신비가 시방도 알몸으로 누워 있습니다.
밝아진 별들도 내려와 민박을 하고 갑니다.
별들이 지불하고 간 새벽 이슬도 좋은 모이가 됩니다.
우포에 가면 그리움이 보입니다.
우포에 가면 아직은 희망이 보입니다.

-이 광 석

우포를 지키는 푸른 깃발, 푸른우포사람들

생명의 소용돌이이자 자연의 고문서(古文書)인 우포를 지키기 위해 '푸른우포사람들' 이 모였습니다.

'푸른우포사람들' 은 여름에는 생태교실을, 겨울철에는 탐조학교를 각각 열어 학생들과 일반인들에게 자연환경과 우포늪의 중요성을 알리는 데 많은 노력을 기울이고 있습니다. 또 생태계를 교란시키는 베스나 블루길 같은 외래종 물고기와 황소개구리, 붉은귀거북 등의 개체수 줄이기 운동을 전개하고, 우포늪 주변에 나무심기와 우포따라 걷기대회, 푸른우포축제 등 다양한 행사도 열고 있습니다.

'푸른우포사람들' 사무실을 방문하시면 감탄하게 되는 것이 하나 더 있습니다. 1천여 평의 논을 인공습지('푸른 우포늪' 과 '푸른 목포늪')로 만들어, 수생식물과 수서곤충, 물고기 등을 관찰할 수 있게 해 두었답니다.

푸른우포사람들 사무실 전경

⬆⬇ 현장 학습

찾아보기